总主编　刘伟志　吴荔荔

图说心理

眼动脱敏与再加工技术

本册主编　刘伟志　严雯婕　尚志蕾

绘　　图　凌　昱　吴荔荔

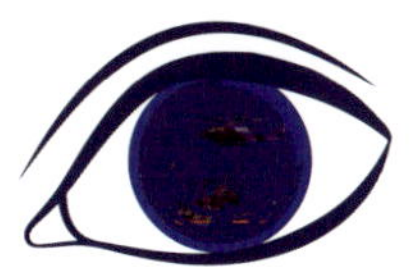

上海科学普及出版社

图书在版编目（CIP）数据

图说心理：眼动脱敏与再加工技术 / 刘伟志，严雯婕，尚志蕾主编；凌昱，吴荔荔绘图. — 上海：上海科学普及出版社，2025. 6（2025.12 重印）—（图说心理 / 刘伟志，吴荔荔主编）. ISBN 978-7-5427-8951-8

Ⅰ. B842. 2-64

中国国家版本馆 CIP 数据核字第 20252ZL402 号

责任编辑 李蕾

图说心理

眼动脱敏与再加工技术

总主编 刘伟志 吴荔荔

本册主编 刘伟志 严雯婕 尚志蕾 **绘图** 凌 昱 吴荔荔

上海科学普及出版社出版发行

（上海中山北路 832 号 邮政编码 200070）

http: //www.shpspress.com

各地新华书店经销 上海华业装潢印刷厂有限公司印刷

开本 787 × 1092 1/32 印张 3

2025 年 6 月第 1 版 2025 年 12 月第 2 次印刷

ISBN 978-7-5427-8951-8 定价：36.00 元

PREFACE 前言

创伤（Trauma），是生命中无法预见的突发事件在我们身上留下的深刻印记。有时，它如洪水猛兽，让我们身处巨大的痛苦与混乱之中；有时，它又如涓流般细小，日积月累，逐渐侵蚀我们心灵的平静与力量。不论是显而易见的大“T”创伤，如重大事故、自然灾害，还是日常生活中的小“T”创伤，如批评、指责，或忽视，创伤都可能在我们心中形成一道隐秘的裂缝，阻碍着我们前行的步伐。然而，创伤在给我们带来折磨与痛苦的同时，也让我们探索挖掘出疗愈的可能性，寻找修复内心裂缝的力量。

本书所介绍的眼动脱敏与再加工（eye movement desensitization and reprocessing，EMDR）技术，正是这样一束从裂缝中透出的光。通过结合视听双侧刺激，对痛苦的创伤记忆进行处理，引导大脑重新加工创伤经历，从而让那些曾经束缚、困住我们的痛苦记忆逐渐丧失破坏力，帮助我们找回内心的平静与自我控制。

编者于2022年和2023年相继出版了心理创伤康复系列著作——《图说心理：恐惧和创伤后应激障碍的防治》《图说心理：正念冥想》。《图说心理：眼动脱敏与再加工技术》的完成，标志着课题组在心理创伤康复系列科普著作方面的一个重要节点。我们尝试构建了心理创伤康复三大关键技术：EMDR技术、正念冥想技术和延长暴露技术，而且是分梯度、递进式、分阶段进行的。在创伤的早期——EMDR技术，结合稳定化技术处理某些严重的创伤症状；第二步——正念冥想技术，在不聚焦创伤的情况下强调个体的功能恢复和与创伤症状的共存；第三步——延长暴露技术，在个体相对稳定的状态下，聚焦创伤，处理创伤。同时，本书的出版也是课题组“心理创伤康复计划（PTRP-5-6）”的重要组成部分，课题组刘伟志教授于 2021 年在国内首次提出“心理创伤康复计划（PTRP-5-6）”，着眼于 PTSD 的前瞻性研究和纵向研究，至今已有数篇高水平论文发表。

本书的出版更是“军队科普专项计划”的重要内容和成果。本书承袭之前的图文形式，以期继续建立一个清晰、循序渐进的心理创伤康复体系，帮助创伤个体逐步从恐惧与痛苦中走出。在创伤初期使用 EMDR 技术，可以有效减轻个体的情绪和躯体症状，为后续进一步的创伤处理建立稳定的心理基础。EMDR 深入探讨了创伤如何改变我们的感知与行为。这种技术让我们看到：过去无法被改变，但对过去的感受却可以被重塑。它不仅是一种治疗方法，更是一次与自己和解的旅程。

对于每一位翻开本书的读者，无论你是亲身经历过创伤，还是对创伤疗愈怀有深切的关心，我们都希望本书能成为你探索自我、寻求成长的指引。出于种种原因，我们无法做到尽善尽美，惟愿本书能带给你理解、勇气与力量，让创伤不再定义你的人生，而是成为你前行的动力。“沉舟侧畔千帆过，病树前头万木春”，来时的路虽有艰辛，但路在脚下，路在前方。

Work hard,be kind,and amazing things will happen!

编者

写于上海 PTSD 防护实验室

2025 年 1 月 14 日

CONTENTS 目录

CONTENTS 目录

第一章

什么是眼动脱敏与再加工

What is Eye Movement Desensitization and Reprocessing（EMDR）

1.1“让我们荡起双桨，小船儿推开波浪，海面倒映着美丽的白塔，四周环绕着绿树红墙……”耳熟能详的儿童歌曲，可能会让人想起春游时无忧无虑的快乐，也有人听到这段歌词会觉得心跳加速、呼吸急促，脑海中浮现出的是自己曾落水时那窒息无望的经历。人生中每一段过去的经历都会为此刻自己的内心世界埋下伏笔，也为我们对待事物的不同反应做出了铺垫。

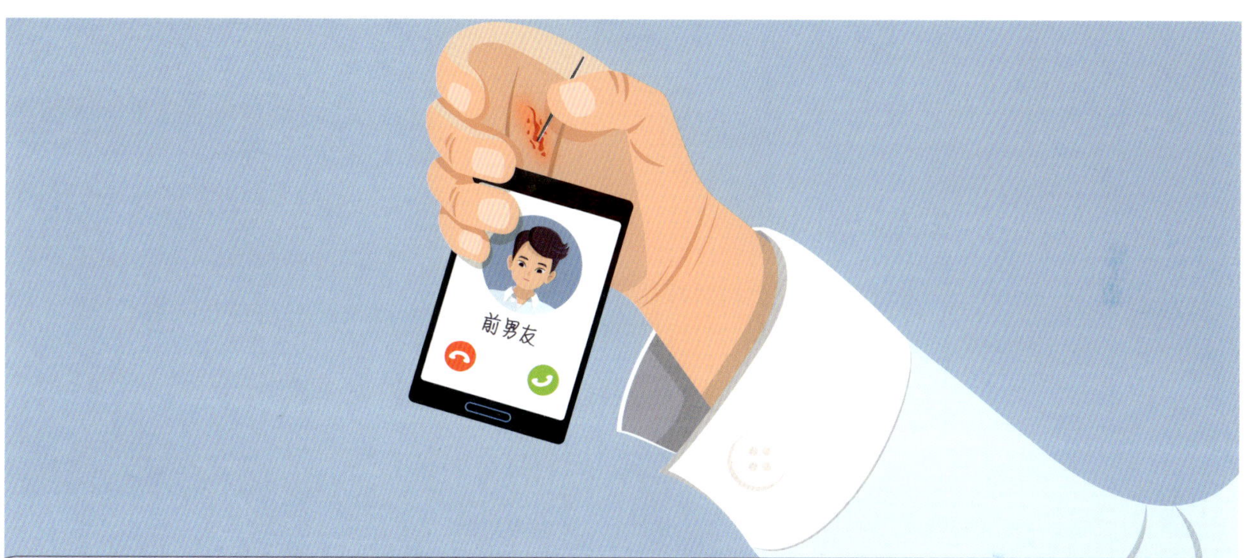

1.2 很多时候，我们并不知道多年前的某段经历会对自己产生什么影响。有些经历会像一根扎在手掌中的细刺，平时无关痛痒，甚至感受不到它的存在，但就在某个你想要用力的瞬间，它却突然开始毫无防备地展现其威力，让你不得不松开双手，按下工作、生活的暂停键。

1.3 生活不可能一帆风顺，我们的躯体和心理难免会遭受或大或小的创伤折磨。躯体的创伤会随着时间的流逝而逐渐修复，心理创伤却并不一定能被时间完全治愈，甚至会使一部分人长期深陷痛苦之中，饱受折磨。

刺激相关情境的回避
以及认知和情绪的负性改变

1.4 经历创伤的个体可能会出现各种各样的反应。例如，常见的情绪和认知的负性改变，面对一些小事会突然崩溃；常常不自觉地回想起与创伤事件有关的经历；回避一切可能唤起他不美好记忆的线索；对周围人和事变得更为警觉。

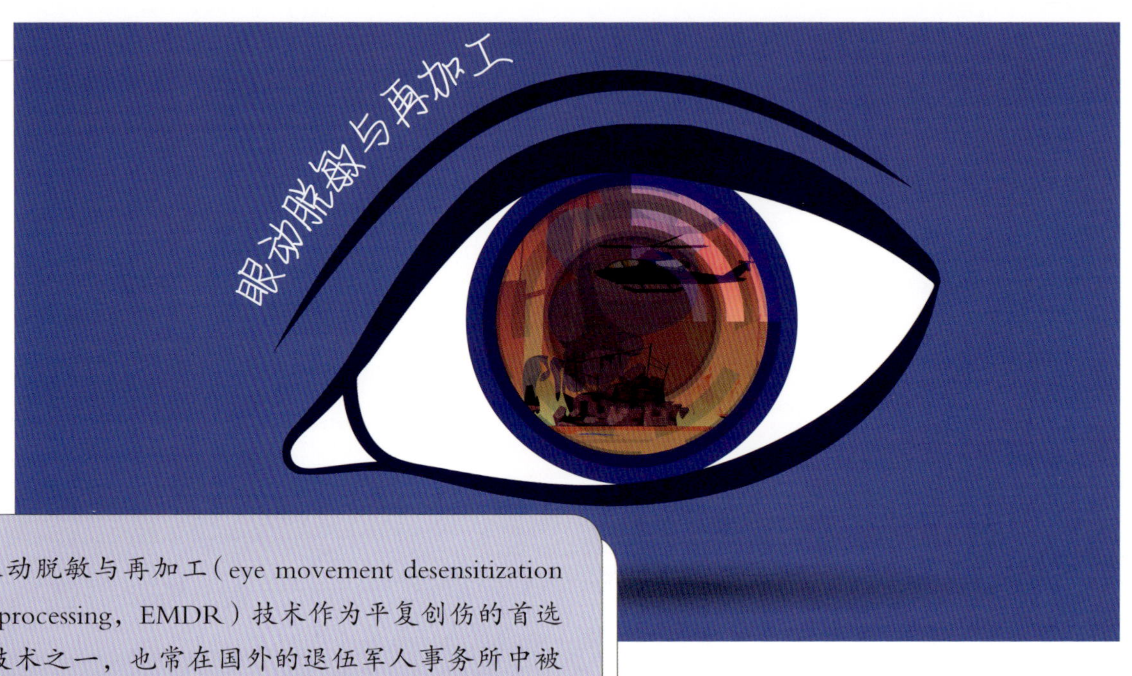

1.5 眼动脱敏与再加工（eye movement desensitization and reprocessing，EMDR）技术作为平复创伤的首选干预技术之一，也常在国外的退伍军人事务所中被推广实践。

1.6 EMDR 的起源可追溯至 1987 年。一天，美国心理学家 Francine Shapiro 女士偶然发现，伴随着眼球的左右运动，那些原本令她不快的念头竟突然消失了，即便再次想起那些念头，它们已然不具备当初的冲击力。

1.7 早期的 EMDR 又被称为“二指法”，因为在技术运用过程中，需要来访者跟随治疗师的两指运动来进行左右水平交替的眼球运动。除了两指交替的视觉刺激外，还可通过双侧音调的听觉刺激和轻拍来访者双侧膝盖或肩膀的触觉刺激来呈现双侧刺激。

1.8 此后，一系列对照和实证研究陆续开展，从不同角度证明了 EMDR 对创伤后应激障碍（Post-traumatic stress disorder，PTSD）症状的有效性。2004 年，EMDR 被美国精神卫生协会（American Psychiatric Association，APA）认可为能够有效处理成人 PTSD 症状的干预手段。自 2016 年至今，EMDR 咨询师们已成功完成了全球 130 个国家共计 700 多万人的创伤治疗。

1.9 作为一种整合的、结构化的心理疗法，EMDR 借鉴了精神分析、认知、行为等多个流派的精髓。其理论认为，人们痛苦的根源在于不能以合理的方式储存过去的经历，而在 EMDR 中这种不合理的储存方式可以得到重新加工和改善。EMDR 技术可以用于平复自然灾害、意外事故等重大创伤事件，也可用于日常生活中的挫折事件，这些事件就像是一把把小刻刀，虽然不会威胁和伤害我们的生命，但仍会使人备受折磨，不得不在工作生活中负重前行。

第二章

大“T”创伤与小“T”创伤

Big Trauma and Small Trauma

2.1 提及创伤（Trauma）时，人们往往会想到战争、自然灾害、身体或性虐待、恐怖主义或灾难性事故等造成的伤害。这些创伤事件通常涉及死亡或对人身安全及躯体完整性造成严重威胁，被称为大“T”创伤。

2.2 大“T”创伤被认为是一种异乎寻常且重大的创伤事件，其毁灭性和压倒性使人感到普遍的恐惧与无助，影响个人的控制感，并产生巨大的心理冲击，因此大“T”创伤后的心理反应容易被人们识别。

最初几周　　几个月内无法关灯入睡　　数年后仍担心石块掉落

2.3 例如，在地震后的最初几周里，幸存者普遍经历了强烈的恐惧、焦虑、悲痛等情绪，甚者有人无法承受而陷入麻木状态。有些人在震后几个月内无法关灯入睡，数年后仍担心石块掉落，他们纷纷诉说自己一直承受着慢性疼痛和抑郁情绪的煎熬。

2.4 然而，不只是这些危及我们生命的大“T”创伤会对我们造成影响，那些看似没那么严重、较小的创伤事件，经过长期累积也会对我们产生不小的影响。

2.5 相对于大“T”创伤，小“T”创伤是更加普遍存在的不良生活事件，且具有明显的个体差异性。某种情况是否对一个人产生影响，很大程度上取决于其诱发因素。例如，他过去的经历、信仰、看法、期望、价值观、承受能力和处理能力等。

2.6 一次小“T”创伤可能不会产生严重影响，但多次复合小“T”创伤，尤其是在短时间内不同事件的效应叠加，有可能导致明显的痛苦和情绪功能紊乱。大量案例表明，许多人寻求心理治疗正是因为小“T”创伤的累积效应。

2.7 小“T”创伤的影响往往被忽视。我们倾向于认为，童年创伤应该是一个相对严重或长期持续的过程，但事实上，一些被成人看来不值一提的小事，对于年幼的孩子来说可能是毁灭性的挫折。若这种创伤并未被修复疗愈，将会被记忆排除在知觉之外，不容易被经历者所识别。

2.8 这些未被识别的创伤经历往往发生在很久以前，在意识层面难以追溯，但创伤当时产生的消极情感和负性想法却被深埋在心底，时时刻刻存在被点燃激活的风险，从而对当事人产生长期的影响。

2.9 当下的经历总是与我们既往的经历发生着无意识的联系。对于当下发生事件的反应，除了受到当下情境的影响外，也同时受到我们既往经历的影响。

第三章

创伤背后的记忆

The Memory behind Trauma

3.1 EMDR的理论假设认为，人类具有一套与生俱来的信息处理系统，这个系统有效处理信息的模式被称为适应性信息加工（adaptive information processing，AIP）。在这种模式下，个体会将心理困扰以适应性的解决方式在记忆网络中进行整合，结合过去经验对当前情境做出恰当的回应。

3.2 例如，当你与同事意见不合爆发激烈争吵后，AIP 模型会帮助你将当前经历与以往记忆（如某次有效沟通表达的经历）联系起来。你克制住气急败坏的情绪，并尝试平静下来后，再次与同事沟通交流，最终以恰当的方式解决了问题。这次成功化解矛盾的经历也为下一次面对类似事件储备了力量。

3.3 当经历痛苦的创伤事件并伴随剧烈情绪和身体反应时，信息加工系统会发生崩溃。与创伤有关的记忆会以一种功能紊乱、适应不良的碎片化状态储存在大脑中，并且无法与其他记忆网络发生联系。

3.4 这些孤立的记忆碎片被称为创伤背后的记忆，是指那些与创伤事件相关联的记忆，可能对个体的情感、认知和行为产生深远影响。主要包括与创伤事件相关的场景、人物、情感反应，以及与创伤事件相关的认知和行为模式等。

3.5 AIP 模型理论认为，未经处理的记忆通常是很多症状和痛苦的根源，也是 PTSD 症状发生的潜在基础。例如，经历越南战争的老兵头脑中可能存储着战争创伤的碎片化记忆，如“炮弹轰鸣的巨响”“战友血肉模糊倒在面前”等。这些记忆会在某些时刻突然出现，往往清晰而生动，就像战争再次发生一样，且能引发与当时同样剧烈的情绪反应和生理反应。

3.6 当这些记忆以适应性的解决方式在记忆网络中进行整合并得到充分处理时，与创伤相关联的症状就可以消除和整合。EMDR 通过眼球运动或双侧刺激激活大脑的信息处理系统，建立适当的神经联系，使未经处理的记忆与整个记忆网络相联系，并引导来访者产生更积极的想法和情感，以加速创伤记忆的整合过程，进而使碎片化的创伤记忆获得适应性的解决。

3.7 关于 EMDR 的工作原理，一直是科研人员探索的内容。目前主流的机制假说包括神经生物学假说和注意力分配假说。其中，神经生物学假说关注 EMDR 对大脑功能结构的影响。你可能有过这样的经历：因工作晚归被家人埋怨，内心委屈生气想要大吵一架，但因过于疲惫选择直接上床睡觉，结果第二天醒来后感觉似乎没那么糟糕了，愤怒的想法和情绪也烟消云散。

3.8 这是因为大脑在睡眠阶段会对白天的事件信息进行一定处理，且这个过程大部分发生在快速眼动（rapid eye movement，REM）睡眠期。在 EMDR 中，研究者认为采用双侧刺激下的眼球运动使大脑进入了类 REM 睡眠状态，激活大脑相关区域并增强左右半球之间的连接，信息和记忆也因此得以重新组织。

3.9 而注意力分配假说则是基于工作记忆模型论证的。当大脑进行多项复杂认知任务时，用于信息储存和加工的系统被称为工作记忆，主要包括中央执行系统、用于处理声音信息的语音回路以及储存加工视觉空间信息的视空间模板。在 EMDR 中，由于双侧刺激挤占了工作记忆的视空间模板 / 语音回路，带动了注意力重新分配。那些未被处理、滞留在工作记忆中的创伤记忆便因加工资源有限而变得不再生动清晰或不能唤起强烈情感。

第四章

标准八阶段治疗流程

The Standard Eight-Phase Treatment Protocol

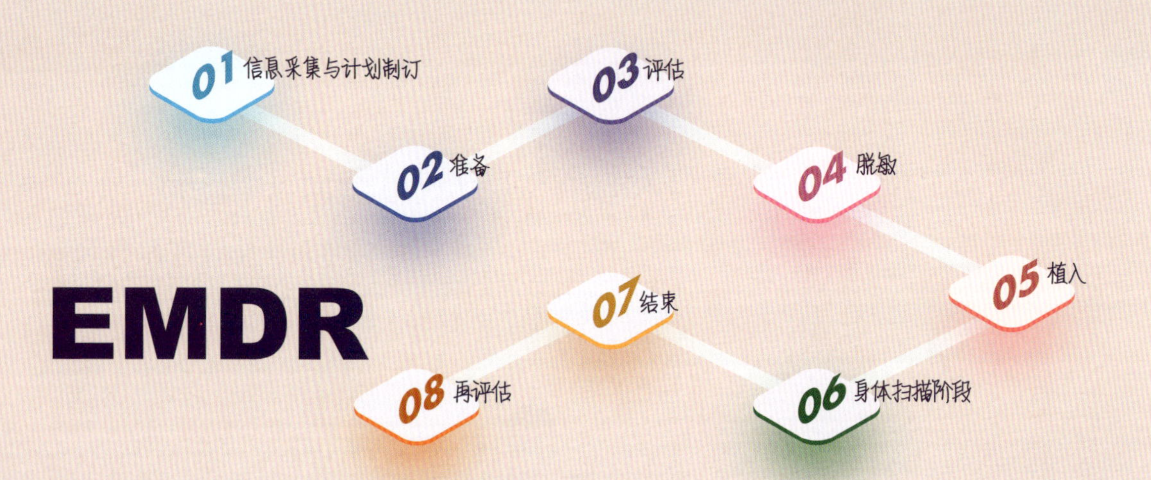

4.1 EMDR 作为一种整合式的心理疗法，几乎融合了所有心理治疗的主流取向。在操作上共分为八个标准的阶段。通过加速信息处理的方式，帮助来访者迅速降低焦虑，完成自我对内洞察以及观念和行为的相应改变。

4.2 阶段一：信息采集与计划制订。在开始前，应尽可能采集来访者既往心理、社会、医学的相关病史，包括是否遭遇过典型的创伤性事件、创伤史的种类和严重程度。根据获得的信息判断来访者是否适合使用EMDR进行创伤疗愈。如果确认适用，将进一步制订治疗计划，针对目前出现的困扰和不适症状，确认要加工处理的靶标记忆以及未来预期目标，列出目标清单。

4.3 **阶段二：准备**。在这一阶段，来访者会更详细地了解 EMDR 的原理与目标，以及过程中可能出现的情绪困扰。在前期阶段，需要确定来访者可接受的双侧刺激呈现方式与呈现频率。同时，咨询师会穿插介绍一些用于平复的稳定化技术，帮助来访者在出现情绪困扰时恢复平静，并商定一个“停止”信号，以应对来访者突然无法继续的情况。

4.4 **阶段三：评估**。在治疗计划的基础上，针对需要进行再处理加工的靶标记忆，仔细询问与之相关的负性认知(如“我本可以做得更好”)、正性认知(如“我已经尽力了”)以及调动这段记忆时的自我情绪和身体感受。此外，还需对靶标进行两个参数评估，包括主观不适度(subjective units of discomfort，SUD)和认知有效度(validity of cognition，VOC)。

危险已烟消云散
我现在很安全!

SUD=0

4.5 阶段四：脱敏。本阶段与接下来的植入、身体扫描阶段可统称为“再加工”阶段。来访者会重复体验几组双侧刺激，在每一组的双侧刺激中都需要专注于对靶标的情感体验，并通过自由联想不断进入与靶标相关的新内容。通过在“过去经历”与“当下认知”之间进行认知交织，将靶标加工至适应性解决阶段，直到再想到这个片段时不再困扰（SUD=0）。

4.6 阶段五：植入。又称资源植入阶段。这一阶段来访者会习得对靶标的正性认知并将这些认知整合进记忆网络中。此后，带着正性认知对靶标保持注意，同时快速进行双侧刺激强化，直至正性认知的情绪效度评定VOC值达到7分及以上。

4.7 阶段六：身体扫描阶段。在身体扫描阶段，来访者需要对自己进行从头部到脚尖的扫描，并关注所有自身感受。如果出现任何紧张情绪或不适感，便需带着靶标记忆与正性认知，继续进行一组双侧刺激，直至确认身体的紧张感和不适感完全消失。

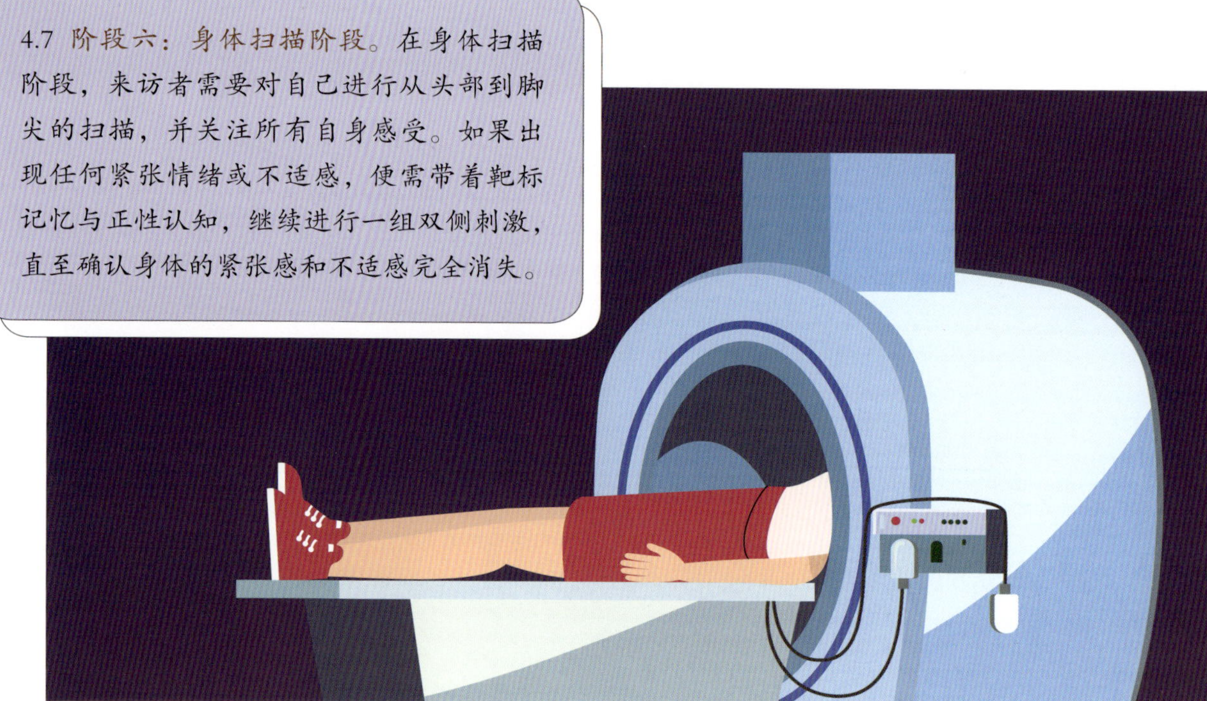

4.8 **阶段七：结束**。单次治疗往往难以完成一整套操作流程，在每个单次小节结束时，需确保来访者离开诊室的状态相对稳定。此外，在一次处理的结束阶段，来访者与咨询师需要进行简短讨论，并观察后续变化，在咨询间隔期以书面日志的形式进行自我观察和记录。

4.9 阶段八：再评估。这是一个复查验证的阶段，需按照目标清单检查是否对目标规划中的全部内容都进行了处理。每次开始前，需要重新评估来访者的近期状态，如睡眠、情绪等，如果发现上一靶标未处理完成，则需重新加工处理。

第五章

稳定化技术（一）

Stabilization Techniques（Ⅰ）

5.1 稳定化技术在EMDR中广泛应用，主要帮助个体将情绪唤醒水平调节至耐受窗内，从而确保适应性信息处理系统能够正常工作。这些技巧和方法主要用于放松身心、减轻紧张和焦虑，提高自我控制和调节能力，使个体能更好地应对生活中的困难和挑战。

5.2 下面具体介绍几种经典的稳定化技术——蝴蝶拍技术、安全岛技术、光流技术，供大家使用。我们可以事先把稳定化技术的指导语录下来存在手机里，当有需要时，可打开音频进行练习。例如，工作或学业压力大时，当出现委屈、愤怒、害怕、无助等负性情绪时，即可应用这些方法进行自我安抚。

5.3 首先介绍“蝴蝶拍技术”。**第一步**：“请你找一个舒适的姿势坐下来，可以闭上眼睛，做几次深呼吸让身体放松下来，双脚稳稳地放在地面上。”**第二步**：“请把双手交叉放在胸前，手心向着身体，大拇指扣搭在一起，中指尖放在对侧锁骨下方，指向锁骨方向。”

5.4 **第三步：**“将你的双手想象成蝴蝶的翅膀，像蝴蝶扇动翅膀一样，轻轻地、慢慢地，交替手掌拍打自己，左一下，右一下，左一下，右一下……就这样一直拍，非常好。”**第四步：**“缓慢地深呼吸，留意你的思绪和身体感受。在这一刻，你在想什么？脑海里有什么样的景象？你听到了什么声音？闻到了什么样的气味？”

5.5 **第五步**：“就这样自然地感受着一切，不用压抑你的想法，让它们自由地飘过脑海，不去评判它们。把这些想法、感受看作天上飘过的云彩：一朵云彩来了又去了，我们只需静静地目送，不去评价它的好坏。”**第六步**：“而你的双手，只需要持续地一直拍，左一下，右一下，你的身体感受到拍打的力量，你能够感受到血液在血管中自由地流淌，为你身体各个部位带去滋养，通过拍打，情绪平静下来了。”**第七步**：“请再做一次深呼吸，感受身体的放松，内心的平静，非常好”。上述步骤可以重复6~8次，直到身体完全放松。

5.6 第二种经典的稳定化技术——安全岛技术。**第一步：**“现在，请你轻轻地闭上眼睛，让自己的呼吸变得缓慢而深沉……”**第二步：**“从头到脚扫描一下自己的身体，找到一个最放松、最舒服的部位，感受这种放松和舒服的感觉，并将这种感觉向你的全身扩散……扩散……直到放松和舒服的感觉充满了你的全身。”

5.7 **第三步：**“下面，我想请你走进自己的内心。在你的心中，想象有这样一个充满安全和温暖的地方，这个地方或许在草地上，又或许在一个林间小屋里，也或许在平静的湖水旁……你可以给它取个名字，比如‘安全岛’。”**第四步：**“安全岛只属于你自己，没有你的允许，任何人都不可以进去拜访。在这个安全岛中，没有压力和烦恼，只有爱和保护。”

5.8 **第五步：**“你找到了吗？看一看，你的安全岛是什么样子的？有没有边界？请你去感受它的形状、颜色、大小、质地、声音、气味……”**第六步：**“现在，你在安全岛里，你可以坐着，也可以躺着，体验一下那种温暖和安全的感觉。”

5.9 **第七步**："很好，请你带着安全、舒适、温暖、放松的感觉，慢慢地回到房间里来。现在，你感觉到更安全、更温暖，你的身体更放松……"**第八步**："好，深深地吸一口气，慢慢地吐出来。当你准备好的时候，慢慢地睁开眼睛。"

第六章

稳定化技术（二）

Stabilization Techniques（Ⅱ）

6.1 最后介绍“光流技术”。第一步：“你可以找一个安静的地方坐着或躺着，轻轻地闭上眼睛，做几次深呼吸，感受身体放松的感觉。”第二步：“如果你的身体有任何不舒服的感觉，请专注于这种身体感觉，注意它在哪个部位，周围都有什么。如果它有一个形状的话，那它是什么形式的？如果它有大小 / 颜色 / 温度……，那么它是什么大小 / 颜色 / 温度……。”

6.2 **第三步**：“你最喜欢的颜色是什么，或者与疗愈相联系的颜色是什么？”**第四步**：“想象有一种颜色的光从你的头顶照射下来，让我们假设这束光是来自宇宙，它的能量无穷无尽。”

6.3 第五步："这束光可以是温暖或凉爽的，带着你所需要的温度，带着疗愈的作用照射着你的身体，并透过皮肤进入身体。"第六步："请你去感受这束光的颜色、形状、温度……去感受这束光照射在身体上给你带来什么感觉。"

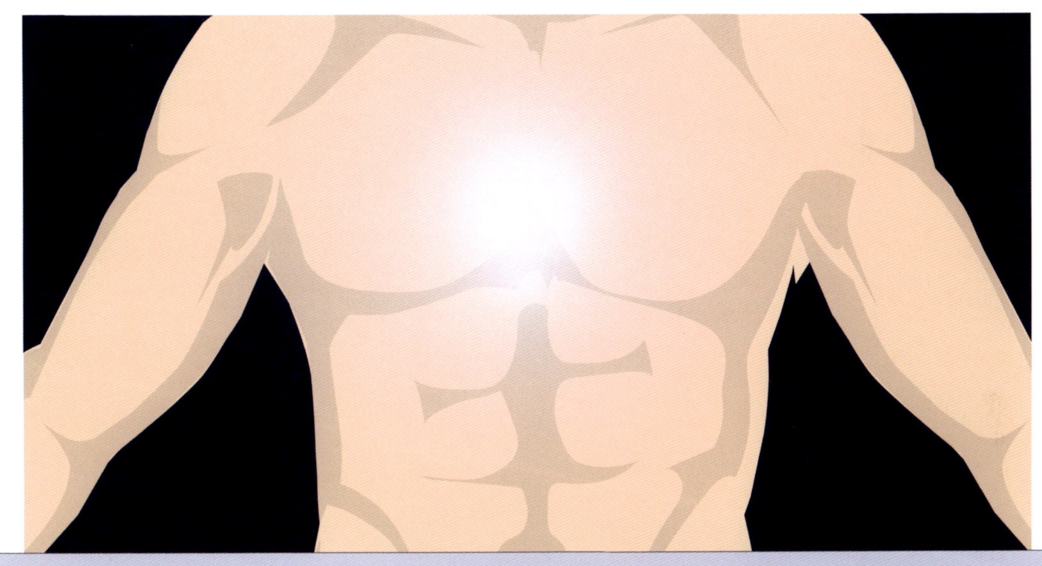

6.4 第七步：“请让这束光对准你身体感到不舒服的部位，环绕着那个部位，在它的上面照射荡漾开来，也在它的内部和周围回荡。”第八步：“去留意那个部位的感受，它的形状 / 大小 / 颜色 / 温度……发生了什么变化……”

6.5 第九步："请你觉察这束具有疗愈作用的光在这个部位流动时带给你的感觉是什么，它对这个感觉不适的部位有什么样的积极改变……"第十步："如果你愿意，你可以用这束具有疗愈作用的光充满你的整个身体，为你的全身都带去疗愈的能量和活力……"

6.6 第十一步："现在，请让这束光暂时离开，任何时候只要你愿意，你都可以让它回来。"第十二步："请按照你自己的节奏慢慢回到这个房间来，当你准备好了就可以睁开眼睛。"

6.7 稳定化技术是创伤治疗的首要阶段，营造一种安全和稳定的环境对于接下来的干预至关重要，让自己稳定或变得安全起来是一个前提，它本身也具有疗愈作用。

6.8 除了前文介绍的三种方法之外，放松训练如腹式呼吸放松法、渐进式肌肉放松法也能让我们的身体平静下来。它的基本假设是改变生理反应，主观体验也会随之改变，是稳定化技术中的基础。

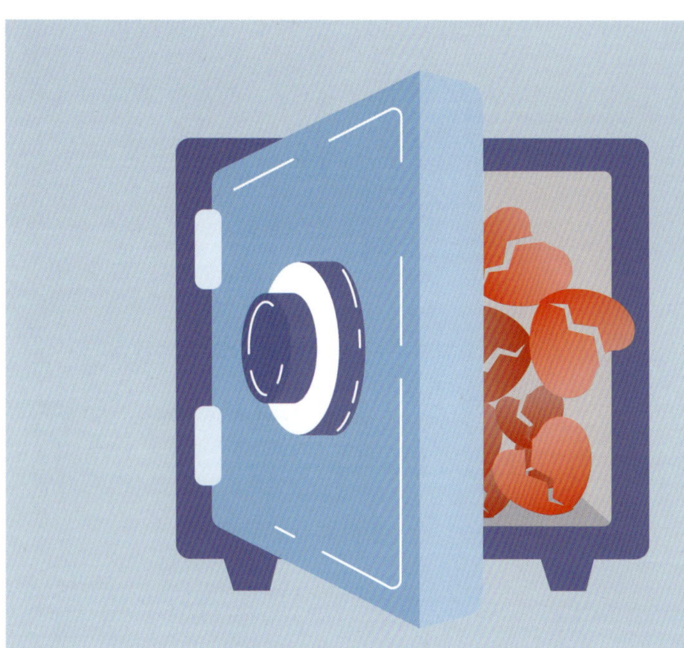

6.9 同时，还有一些技术和方法帮助我们与创伤材料保持距离，如保险箱技术。通过想象将一段创伤经历或负性情感放入一个保险箱中，逐渐学会对创伤材料的掌控，并由自己决定是否愿意、何时取出来进行处理，从而减轻其当下带来的负面影响。

第七章

再加工：脱敏

Reprocessing: Desensitization

7.1 在脱敏、资源植入和身体扫描三个再加工阶段会频繁运用双侧眼动（或其他双侧刺激）。脱敏阶段的主要目标是促进来访者进行自发的信息加工，将所选取的靶标从非适应性记忆网络整合到适应性记忆网络。

7.2 在来访者进行双侧刺激时，需要保持与靶标相关的自由联想，留意与靶标相关的图像、想法、情绪和身体感觉，如“我看到我自己蜷缩在角落”“我觉得自己很渺小无助”“我感到很紧张害怕”“此刻我觉得喉咙有些发紧”等。

7.3 在开始进行第一次双侧刺激时，来访者的身体和大脑往往会比较紧张，脑海中会出现各种念头，如“治疗会不会没有用”“我会不会又想起那件不好的事”。此时，要保持对自我的深度觉察，无论是什么念头，让它们自然地出现，不要与之对抗。

7.4 在做完一组 24~30 轮次完整的眼动后，可以暂停休息一下，做一次深呼吸放松，并把注意力从对靶标进行自由联想时触发的内容转移到此时此地。通常会询问来访者："现在你留意到了什么？"，引导其报告当下意识中最为凸显的内容。

7.5 通常，两组眼动刺激之后来访者就会留意到一些变化。可能会发现靶标记忆在强度、特性和其他特定方面有了变化，也可能会报告联想到了另一个记忆。

7.6 然而，在双侧刺激以及自由联想的内容之间保持相对平衡的注意力并不是一件容易的事。尤其是对初次进行 EMDR 的来访者，也许连续几次的双侧刺激后，依然什么都没有注意到。这可能有以下几种原因：①其实记忆已经发生了一些变化，但不知道如何用语言表达；②由于将过多的注意力放在双侧刺激上，没能捕捉到记忆变化；③由于注意力分散没能解释变化；④害怕承认治疗可能有效。

7.7 如果两组双侧刺激后报告的内容仍然没有改变，可以尝试改变眼动刺激的方向、高度、速度和幅度来加深刺激的强度。

7.8 再加工处理的有效度通过来访者对靶标记忆所报告的改变体现，包括与靶标相关的图像、情绪、认知或者身体感受部位的变化。例如，“我觉得那个画面缩小了，变得没那么清晰了”“我的胸部好像没那么不舒服了，现在胃没那么难受”等。

7.9 通常，对一段创伤记忆进行完全的修复加工需要 6~14 组双侧刺激。当来访者的自由联想材料开始趋于中性并且不再有明显变化时，可以再次检查目前的 SUD 值，若连续两次 SUD 值都为 0 时，便可以进入植入与身体扫描阶段的再加工处理了。

第八章

再加工：植入与身体扫描

Reprocessing: Installation and Body Scan

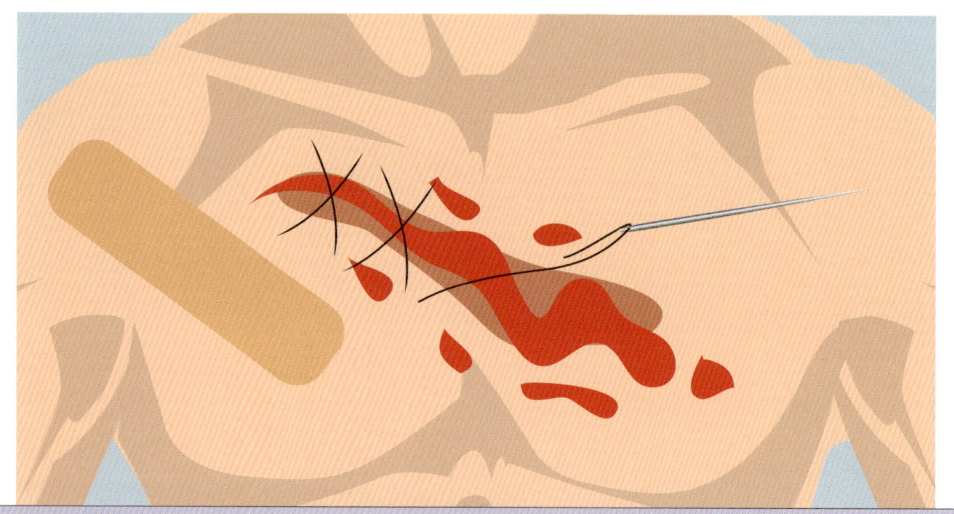

8.1 如果说脱敏阶段的工作相当于找到伤口并进行清创处理，那么植入和身体扫描阶段就像是对“创口”进行包扎缝合和瘢痕修复的过程。这一阶段工作的重点是要将正性的资源整合进记忆网络，这些正性资源是来访者能够获得疗愈的“营养素”，确保他们能将收获延续到日常生活中。

8.2 在整个植入阶段，来访者都不需要再对靶标进行自由联想。他将与咨询师一起确认一个合适的正性认知，如“我是一个强大、坚韧的女性”“我有能力保护我自己”，并检查这一正性认知的认知有效度（VOC，1~7 分评分，1 分表示这句话完全不真实，7 分表示完全真实）。聚焦靶标记忆和这一选定的正性认知，来访者会继续接受双侧刺激处理，并在每组刺激之后都要重新检查 VOC 值。

8.3 如果VOC值没能逐渐提升，可以适当改变双侧刺激的方向和强度。但有些情况下，VOC无法顺利上升是因为来访者有残留的问题没有解决。例如，一位不敢接受新岗位任职的职场精英，当带着“我能够胜任”的正性认知进行再加工时，他的VOC一直停留在5分。查验后发现，他记忆中还有未被处理的部分——在他学生时代因为某次比赛失误曾被班主任当众贬低过。这种情况下，咨询师便需要将发现的问题列为新的靶标重新进行加工，处理完成后才能返回到原有靶标的加工中去。

8.4 有时 VOC 值没有达到 7 分也是可以被允许的。例如，对地震灾难中的个体进行 EMDR 时，由于无法排除是否还会有余震发生，对于“我此刻是安全的”这一正性认知的有效度可以停留在 6 分，因为来访者仍需要对周围环境保持警惕，这一状态被称为“生态适宜”。

8.5 当 VOC 值能够稳定达到 7 分时，治疗便可以进入到身体扫描阶段。闭上眼睛，带着“我现在很安全的”正性认知，想象那段恼人的经历。接着把注意力转向身体，依次扫描从头部到双脚的各个部位，检查是否还有部位感受到紧张或者异样。

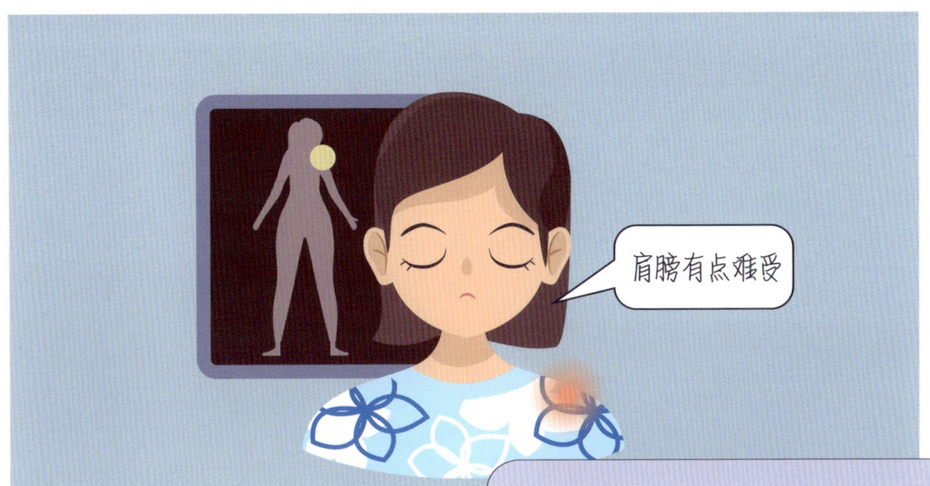

8.6 也许在扫描的过程中会出现分心或者走神的情况。如果这些分心的内容是中性或者正性的，并不需要对它们进行额外处理。但如果发现仍有存在明显不适的身体部位，便需要及时报告并继续进行双侧刺激操作。

8.7 当这些新出现的不适或者担心反映来自另一个记忆网络没有处理解决的问题时，需要作为再加工的目标及时处理。一般会采用回溯技术来探索发现隐藏在角落深处的这段记忆，又称为情感桥接或身体感觉桥接技术。

8.8 在回溯时，来访者会受到这样的引导："聚焦于你感觉到它的地方，并且让自己回到你能够回想起来的第一次有那种相同感觉的时候。"在这种探索回溯下，来访者通常会陈述另一段让他有相同感受的关联记忆。

8.9 当所有负性的感觉消失，只留有平静或轻松（中性或正性）的感觉，身体扫描阶段的工作便告一段落。经过有效的 EMDR 干预，在身体扫描阶段结束后来访者通常会有如释重负的感觉。前期脱敏与植入阶段所获得的正性体验在扫描结束后也会得到进一步的巩固和拓展。

第九章

眼动脱敏与再加工在创伤治疗中的运用

The Application of EMDR in Trauma Treatment

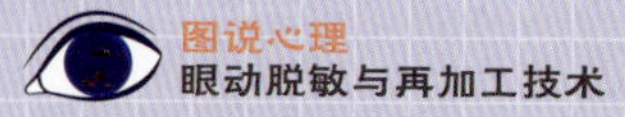

9.1 EMDR 在 21 世纪初引入中国，在 2008 年汶川大地震中对平复灾区民众的心理创伤发挥了重要作用。此后作为创伤治疗的针对性方法得到了进一步推广运用。作为有大量循证依据的技术之一，EMDR 在全球快速发展，在越来越多的领域中得到广泛运用。

9.2 EMDR 的经典案例是运用于遭受性侵犯的女性。以下用 K 来代替来访者。来到咨询室时，K 显得非常憔悴沮丧。她的主要问题是失眠且无法集中注意力完成工作，这些问题已经持续困扰了她两年。两年间，她不断更换工作，经常做噩梦，在日常生活和工作中回避一切需要与异性接触的场景。

9.3 在信息采集和准备阶段，咨询师了解到，小K在大学时期曾遭受陌生人侵犯。在侵犯事件前，她还有过一次被迫与男友发生性关系的经历。在沟通协商之后，她与咨询师选择了被陌生人侵犯的记忆作为靶标记忆。

9.4 这个靶标的记忆线索主要依赖的图像信息是，在事情发生时她扭头看到的一个床头灯的画面。对被侵犯的创伤记忆，她的负性认知是“我是无助的”，正性认知是“我现在可以保护我自己”，感受到的情绪是羞耻和害怕。靶标的参数评估显示，正性认知的 VOC 值为 2 分，SUD 值为 9 分，主要感受到不适的部位是胸部。经过几次双侧刺激后，SUD 水平保持在 8 分但并不下降。

9.5 经过继续探讨挖掘，发现有另外一段记忆残留在 K 的脑中——小时候遭受哥哥们欺负时，K 的母亲总告诉她："男孩子就是这样的，你只能学会忍受。"于是，他们决定针对"向母亲求助却受挫"的记忆场景继续加工，并做了全面评估。她的羞耻和恐惧逐渐转化为对母亲没有及时支持的愤怒，并能够保持"我现在可以保护自己"的正性认知。在接下来的过程中，K 的 SUD 水平开始很快下降。

9.6 经过数轮双侧刺激后，在正性资源植入阶段，咨询师引导 K 对靶标和正性认知(“我已经做得很棒了，他当时拿刀威胁我，而我让自己活了下来”) 保持注意和觉察，同时提供几组独立的双侧刺激操作，直至这种积极的信念的 VOC 达到 7 分。

9.7 在整个治疗过程中，咨询师主要运用“安全岛”和“光流技术”这两种稳定化技术，来平复K的情绪波动。在身体扫描阶段，咨询师伴随几组双侧刺激，帮助K感受和处理身体的不适，直至最终达到平稳状态。

9.8 创伤容易使人失去对生活的掌控，失控之下的人们会努力转移注意力来掩盖内心的痛苦和不安，如通过酒精、赌博等来寻求慰藉。因此，除了 PTSD 外，EMDR 还可应用于与创伤或应激相关的物质滥用、惊恐障碍、进食障碍等的治疗中。

9.9 心理创伤的研究重点是探究创伤及其造成的后果，即一个人的心理因为创伤事件究竟发生了怎样的变化。而 EMDR 的重点是采取三叉取向，通过现在的扳机点，对过去的创伤性事件进行再加工，并通过植入资源来增强个体未来的适应性。在咨访关系的紧密合作下，双方共同理解过去经验如何影响着一个人的“现在”和“未来”。